U0387049

宠　物

[法] 让 · 米契尔 · 比奥德　著
[法] 埃马纽埃尔 · 里斯托尔　绘
杨晓梅　译

吉林科学技术出版社

Les hommes prehistoriqes
ISBN：978-2-09-255176-9
Text: Jean-Michel Billioud
Illustrations: Emmanuel Ristord

吉林省版权局著作合同登记号：
图字 07-2020-0046

图书在版编目（CIP）数据

宠物 / (法) 让·米契尔·比奥德著 ; 杨晓梅译
. -- 长春 : 吉林科学技术出版社, 2023.1
（纳唐科学问答系列）
ISBN 978-7-5578-9568-6

Ⅰ. ①宠… Ⅱ. ①让… ②杨… Ⅲ. ①宠物—儿童读物 Ⅳ. ①TS976.38-49

中国版本图书馆CIP数据核字(2022)第166379号

纳唐科学问答系列　宠物
NATANG KEXUE WENDA XILIE　CHONGWU

著　　者　[法]让・米契尔・比奥德
绘　　者　[法]埃马纽埃尔・里斯托尔
译　　者　杨晓梅
出 版 人　宛　霞
责任编辑　郭　廓
封面设计　长春美印图文设计有限公司
制　　版　长春美印图文设计有限公司
幅面尺寸　226 mm×240 mm
开　　本　16
印　　张　2
页　　数　32
字　　数　30千字
印　　数　1-7 000册
版　　次　2023年1月第1版
印　　次　2023年1月第1次印刷

出　　版　吉林科学技术出版社
发　　行　吉林科学技术出版社
地　　址　长春市福祉大路5788号
邮　　编　130118
发行部电话/传真　0431-81629529　81629530　81629531
　　　　　　　　　81629532　81629533　81629534
储运部电话　0431-86059116
编辑部电话　0431-81629520
印　　刷　吉广控股有限公司

书　　号　ISBN 978-7-5578-9568-6
定　　价　35.00元

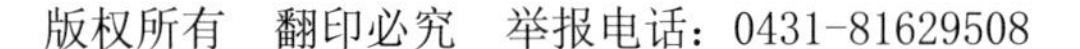

目录

家里的狗

狗这种动物喜欢玩闹与陪伴，是人类最忠诚的伙伴。如果训练得好，狗会非常服从主人的命令。

狗为什么要摇尾巴？

这代表了它们现在很开心。当它们害怕或生气时，会把尾巴夹到后腿之间藏起来。

狗为什么要汪汪叫？

这是它们的一种表达方式。它们生气时会发出喉音，想要某种东西时又会发出不同的声音。

为什么狗全身长着毛？

毛可以帮助它们抵御寒冷。有了这层毛，它们睡觉时才不觉得冷。

所有狗都很温柔吗？

通常是如此。不过当它们感到危险或生气时，可能会咬人。

狗到底吃什么？

狗粮的成分有肉、蔬菜、谷物等。不过，千万不要让狗吃糖，这会损害它们的视力！

散步

这是狗狗一天中最喜欢的时刻：它们可以奔跑、跳跃、尽情地玩耍！

为什么要遛狗？

可以让狗狗消耗精力，还能解决它们排泄的需求。

狗喜欢猫吗？

通常它们是敌人。不过，一起饲养的猫和狗完全可以成为密不可分的好朋友！

为什么这条狗抬起了后腿？

这是一条公狗，正在对着树尿尿。这么做的目的是留下气味，标记领地。

狗的嗅觉很厉害吗？

当然！“狗鼻子”让它们可以辨别方向，认出主人。

猫的一家

喵！这里有一窝刚出生的小猫！它们轻轻地叫着！我们别太靠近，猫妈妈正在保护它们！

为什么猫会发出呼噜声？

通常是它们觉得很开心，不过有时也是因为疼痛或恐惧。

猫总是在睡觉吗？

猫很喜欢睡觉，一天中的大部分时间都在睡觉。

我们可以喂猫喝牛奶吗？

幼猫只需要来自猫妈妈的乳汁。等它们长大一点儿后，喂水就可以了。牛奶反而是猫无法消化的一种食物。

猫在哪里上厕所？

在猫砂盆。通常，猫妈妈会教小猫如何做，不过有时我们还是要给小猫指指路。

为什么猫会舔自己？

这是在给自己“洗澡”。这么做可以消除猫毛上的气味。另外，猫不喜欢水很多的地方！

猫的生活

无论白天还是夜晚，猫都喜欢待在安静的角落，静静地观察周遭发生了什么……

猫在夜晚也能看得见吗？

当然，只要有一点点光线就行。如果是完全黑暗的环境，猫也会和我们人类一样，什么都看不见。

猫真的会吃老鼠吗？

猫可能花好几个小时盯着老鼠，但不一定会吃掉它们。对于家养的猫来说，追老鼠更像是一种游戏，而非捕猎！

猫的胡子有什么作用？

可以感受风向和空间大小。在黑暗中前进时，猫的胡子会首先碰到障碍物，使猫可以提前发现危险。

为什么猫走起路来没有声音？

因为它们的爪子下有小小的肉垫。小心，这些柔软的肉垫里藏着锋利的指甲！

猫从高处落下时总是能安稳着地吗？

不一定。如果高度不够，猫可能来不及在空中完成转身的动作；如果高度太高，落下时猫也会受伤。

在图中找一找！

去宠物医院

兽医是专门给动物们看病的医生。在城市里，兽医接待的大部分“患者”是猫和狗，不过也有例外。

猫可以活几年？

猫通常可以活20年，比狗更长寿。狗的寿命一般不会超过15年。

这只猫的脖子上戴着什么？

伊丽莎白圈。它可以避免动物去舔舐伤口或撕扯绷带。

动物也有病历吗？

当然，和人一样。兽医会在里面写下疫苗的注射日期，动物的身高、体重，接受了哪些手术……

为什么动物会挠自己？

通常是因为身上有虱子或跳蚤。这时要给它们进行体外驱虫，杀死这些虫子。

疫苗有什么作用？

避免动物患上某些疾病，例如狂犬病。预防胜于治疗！

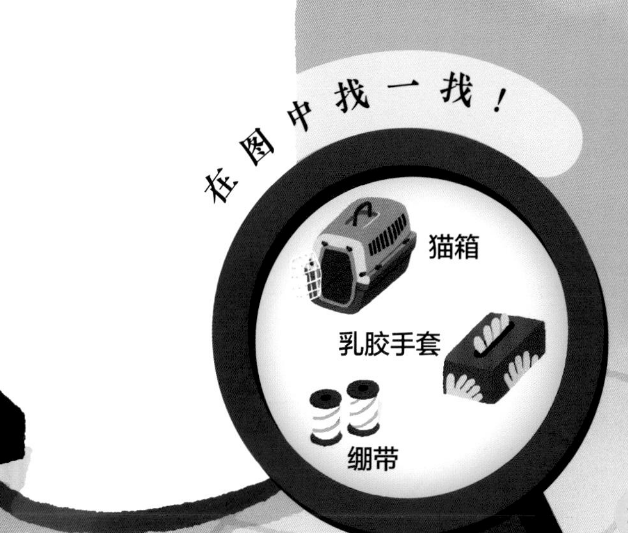

金鱼

这种动物不会与我们亲密互动。不过，光是看着它们在水族箱里游来游去，就很有意思了！哪怕盯着看好几个小时，也不会觉得无聊！

它们在水下如何呼吸？

它们吸进水，再从水中提取氧气。这个过程是依靠鳃完成的。这种过滤器式的器官位于金鱼脑袋两侧。

它们在水里尿尿吗？

是的，但我们无法发现，因为一次只有几滴。它们还会排泄粪便。因此，我们必须常常给水族箱换水。

金鱼也要睡觉吗？

当然，它们会游到水族箱底部，一动不动。金鱼睡觉时眼睛是瞪着的。

为什么水族箱里还有植物？

可以让金鱼躲藏，还可以净化水质。另外，它们也是很漂亮的装饰。

我们该如何喂养金鱼呢？

专门的鱼饲料是用维生素、谷物、干虾等原料制作的。

侏儒兔

这种小型哺乳类动物很可爱。它们生性胆小，喜欢躲藏，但有时也会满屋子跳来跳去！

为什么它们会用爪子敲地？

因为愤怒或担忧。这时，我们必须安抚它们。不然的话，兔子太恐惧时可能会咬人。

我们可以把它们从笼子里拿出来吗？

当然，不过要好好看着，因为它们很喜欢啃咬桌椅的腿或电线。

为什么它们要啃咬木头？

为了磨牙。兔子的牙齿会不停地生长。可以给它们硬面包，一样能起到磨牙的作用。

兔笼里有什么？

饲料碗、饮水器、木屑（上厕所用），以及一个恐惧时可以躲藏起来的角落。

仓鼠

这是一种安静的小型啮齿类动物，它们一天中的大部分时间都用于运动与进食。它们喜欢吃植物与种子。

我们可以把仓鼠放在手里吗？

有点难，因为这种动物胆子很小。荷兰猪更愿意与人亲近。

为什么它们的脸胖胖的？

它们的脸颊如同两个购物袋，可以临时存放食物，运输到安全地点后再吃掉。

为什么仓鼠白天睡觉？

这是一种夜行动物，喜欢在夜晚活动。到了早上，它们已经很疲惫了，需要休息。嘘！别吵醒它们！

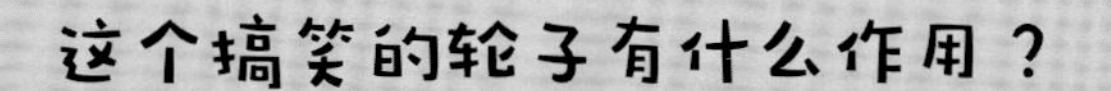

这个搞笑的轮子有什么作用？

这是仓鼠的“健身房”！它们喜欢在里面跑步，因为这样可以消耗热量。不然的话，它们很快就会变成小胖子！

仓鼠是什么颜色的？

有些仓鼠有斑点、条纹；有些则全身一个颜色。有些仓鼠长着长毛；有些则是卷毛。

淡水龟

这种动物把家背在身上！它是一种冷血爬行类动物，与鳄鱼、蟒蛇一样。淡水龟不会制造太多噪声，是一种适合养在家中的宠物。

龟的爬行速度真的很慢吗？

在陆地上，你不到一分钟走的路程要花掉它整整一小时。不过，有些海龟的游泳速度比奥运冠军还快！

它们吃什么？

干净的菜叶、贝壳肉、生鱼。千万别把食物放到水里，这样水才能保持干净，适宜龟类生活。

它的壳有什么用？

在坠落或被天敌攻击时可起到保护作用。另外，壳上的花纹也可以作为很好的伪装，隐藏踪迹。

龟也会咬人吗？

会，虽然它的嘴很小，但咬起人来人会觉得很疼。它用嘴巴来切断植物或捕捉猎物。

为什么这只龟会蜕皮？

换季时，新的皮肤长出，取代老的皮肤。

鹦鹉

这种鸟长相华贵，总是叽叽喳喳，羽毛的色彩鲜艳极了。它们的寿命很长，有些可以活到80岁。

我们可以抚摸鹦鹉吗？

这种鸟通常很爱和人亲近，不过有些大型鹦鹉有着锐利的喙和爪子，可能会弄疼你。

它的喙有什么用？

在敲碎坚果或者挖开树皮找虫子时它的喙很有用。

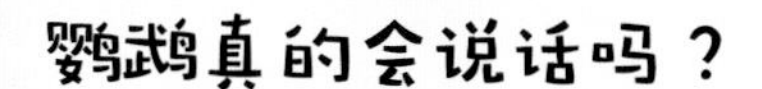

鹦鹉真的会说话吗？

如果你经常重复一些句子，它可以模仿，但并不能理解这些话的意思。

这只鹦鹉在干什么？

它在睡觉！白天，鹦鹉经常把脑袋藏到翅膀下，打个盹儿。晚上，它们也会睡觉。

我们可以把不同种类的鹦鹉放在一个笼子里吗？

最好不要。举个例子，长尾鹦鹉很讨厌虎皮鹦鹉。

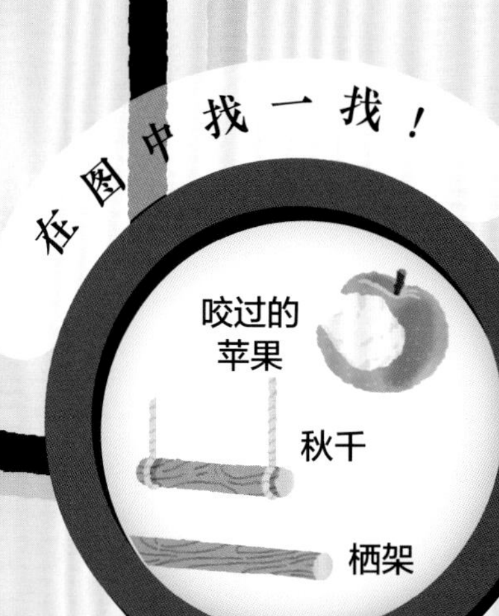

宠物店

我们可以去宠物店寻找动物朋友，也可以去一些动物保护机构领养被遗弃的动物。

宠物店里有什么？

狗、猫、鱼、鸟、啮齿类动物……还可以在这里购买它们的食物、窝、水族箱、笼子等。

我们可以饲养宠物貂吗？

当然可以。在欧洲一些国家与美国，宠物貂是最受欢迎的宠物之一，排名仅次于狗和猫。

这个长得像竹节的动物是什么？

竹节虫。为了隐藏自己，这种长相奇特的昆虫可以改变身体颜色，也可以好几个小时都一动不动。

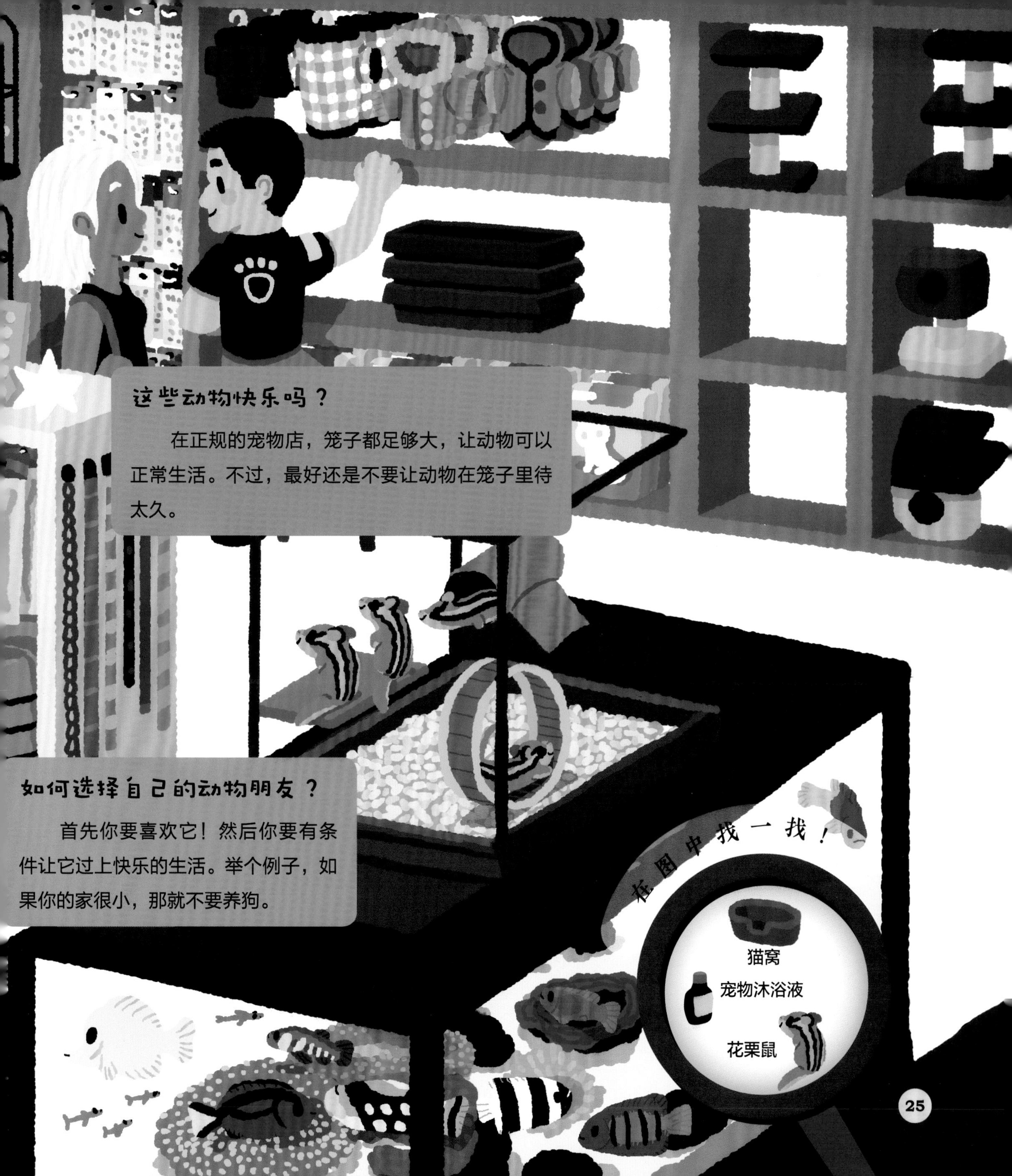

这些动物快乐吗？

在正规的宠物店，笼子都足够大，让动物可以正常生活。不过，最好还是不要让动物在笼子里待太久。

如何选择自己的动物朋友？

首先你要喜欢它！然后你要有条件让它过上快乐的生活。举个例子，如果你的家很小，那就不要养狗。

你知道吗？

哪种狗最忠诚？

有很多！小狗布克是一只拉布拉多犬，它很爱自己的主人。主人因为搬家而不得不将布克暂时托付给自己的父亲。不过，布克逃了出来，跑了整整800千米，回到了主人身边。

我们可以养一只老虎吗？

在有些国家是可以的，就跟养野猪、猴子、寄居蟹一样！不过这些动物肯定更喜欢在野外自由自在地生活……

鹦鹉可以学会多少个词语？

超过800个！在非洲加蓬，有一只名叫艾利克斯的灰鹦鹉创造了这个纪录。它甚至可以从1数到6，说出物品的颜色。

这只巨猫叫什么？

它叫samson。当这个美国女孩刚收养它时，从来没想过有一天它会变得这么大。成年之后的它体长达到了1.2米，相当于一只大型犬。

毛最多的狗是什么？

可蒙犬的毛让人印象深刻。这是一种牧羊犬，勇气十足，会为了保护羊群而与狼群战斗。

为什么很多国家禁止饲养巴西龟？

40年前，许多人都将这种美丽的小乌龟养在家中。然而，这种最初体长仅3厘米的小乌龟很快便会长成体重超过1.5千克的大家伙！有些主人把它们放归河流，造成了严重的生态问题。

狗狗大不同

· 大麦町的毛很短，全身布满了可爱的黑色斑点。

· 吉娃娃的身材很迷你，体重只有1~3千克。

· 有些狗是几个品种杂交而来的，可以叫它们“串串狗”。

为什么狗很爱主人？

对它来说，主人就是它的家人！如果主人对狗很好，用心照顾，它就会对主人特别忠诚。

有些狗有“工作”吗？

是的，比如拉布拉多猎犬常常作为导盲犬帮助失明的人。此外，还有警犬、牧羊犬……

猫猫大不同

- 这只黑色的波斯猫长着橙色的双眼。
- 暹罗有一对大耳朵，三角形的脸，还有蓝色的眼睛！
- 斯芬克斯猫没有毛，有些甚至连胡子都没有！

这些动作代表了猫的什么情绪呢？

- 耳朵向后，代表恐惧。
- 背部拱起、毛直立，发出哈气声：为了吓跑敌人。
- 耳朵直直地竖起，尾巴轻轻地弯曲：很开心。

什么是宠物美容师？

他们的工作是给猫狗洗澡、剪指甲、清理耳朵……让它们变得更漂亮。

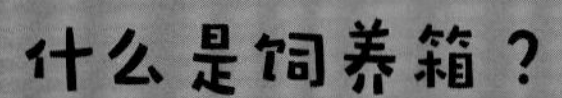

什么是饲养箱？

一个箱子，里面有沙和灯，还原了某些动物生活的特定自然环境。主要用于饲养爬行类、昆虫……

为什么要“刺青”？

在法国，宠物的耳朵或后腿上会有一串数字。这样即使它们走失或被盗，主人也能找到它们。

生活在饲养箱里面的动物具有危险性吗？

有些很危险，如蝎子或狼蛛，因为它们有剧毒。因此，必须保证它们安稳地待在饲养箱里，千万别让它们逃出来！

兔子还有别的种类吗？

当然了，兔子有很多品种，比如：

兔子一次能生下几个宝宝？

4至12只！刚出生的小兔子只有一个鸡蛋那么重。

仓鼠的近亲

·荷兰猪

它需要一个大笼子！因为它可以长到40厘米长、1千克重！

·龙猫

它们的个头与侏儒兔差不多，也是夜行性动物，胆子很小。想摸到它可不容易哦！

·老鼠

这种动物天性独立，且携带多种病菌，几乎不作为宠物饲养。

世界上有多少种龟？

超过300种！但不是每一种龟都能够被人类饲养。

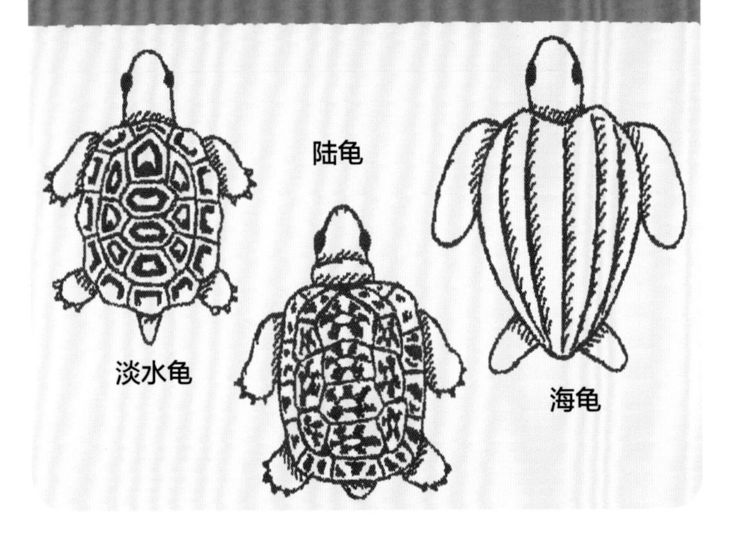

世界上最大的龟是什么龟？

是棱皮龟。它是游泳健将。这种巨型龟体长可以超过2米，体重可以达到800千克！

所有鹦鹉都会唱歌吗？

不是的。不过有些鹦鹉的歌声特别好听，比如虎皮鹦鹉。雄性利用歌声来吸引雌性。

为什么这两只鹦鹉紧紧贴在一起？

这种来自非洲的小型鹦鹉常常成双成对地生活，紧紧地依靠在一起。